SOCIÉTÉ DÉPARTEMENTALE D'AGRICULTURE DU DOUBS

·o·

CONFÉRENCE

Faite le 18 Juin 1916

SUR

LES BAUX A FERME

ET

L'Etat de Guerre

PAR

Louis MALNOURY

Avocat
Agréé près le Tribunal de Commerce de Besançon
Chargé de Cours de Science Commerciale
et de Législation industrielle

BESANÇON

LA SOLIDARITÉ, IMPRIMERIE COOPÉRATIVE

6 et 8, Rue Gambetta, 6 et 8

1916

SOCIÉTÉ DÉPARTEMENTALE D'AGRICULTURE DU DOUBS

CONFÉRENCE

Faite le 18 Juin 1916

SUR

LES BAUX A FERME

ET

L'Etat de Guerre

PAR

Louis MALNOURY

Avocat
Agréé près le Tribunal de Commerce de Besançon
Chargé de Cours de Science Commerciale
et de Législation industrielle

BESANÇON

LA SOLIDARITÉ, IMPRIMERIE COOPÉRATIVE

6 et 8, Rue Gambetta, 6 et 8

—

1916

CONFÉRENCE

Faite le 19 Juin 1916

SUR

LES BAUX A FERME

ET

L'Etat de Guerre

PAR

LOUIS MALNOURY

Avocat
Agréé au Tribunal de Commerce de Besançon
Chargé de Cours de Science commerciale et de Législation industrielle

---

I. — Considérations générales

La guerre a bouleversé considérablement l'ordre social
et économique, et aggravé un grand nombre de situations,
dont l'Etat avait alors le devoir de se préoccuper.

Il devait en être ainsi surtout des obligations mises à la
charge des locataires ou des fermiers, au regard des propriétaires, par les baux et locations en cours au moment
de l'ouverture des hostilités.

C'était d'abord la question du *paiement* des loyers et fermages qui se posait. Des échéances des termes étaient ar-
rivées ou allaient arriver. Bon nombre de fermiers (nous ne
nous occuperons ici que d'eux, laissant de côté la question
des baux et loyers urbains, qui du reste ne se présente pas
sous le même jour), bon nombre de fermiers, mobilisés.
se trouvaient dans l'impossibilité de régler ces termes.

D'autre part, des baux expiraient ou allaient expirer
alors que les preneurs étaient mis par les circonstances
dans l'impossibilité de quitter leurs fermes et d'en trouver
de nouvelles ; des baux allaient commencer, alors que les
amodiataires ne pouvaient pas entrer en jouissance.

Telles sont les idées maîtresses qui guidèrent le Gouvernement quand il édicta les divers décrets dits : « Morato-
rium », décrets que nous avons eu l'occasion, l'an dernier,
d'examiner ensemble.

Mais, ainsi que je vous le faisais remarquer alors, les moratoires ne se sont pas inquiétés des difficultés inhérentes aux conditions d'exécution d'un bail en cours ; ils ne traitaient que du paiement des fermages, de l'expiration ou de la prise d'effets des baux.

*****

 Il restait un point très important à trancher.

Quelle serait la situation de la famille d'un preneur tué à la guerre, en fin d'un bail expiré ? Quelle serait la situation d'un fermier blessé ou malade « à la suite de la mobilisation, rentrant chez lui et se trouvant dans l'impossibilité d'assurer l'exploitation du sol ? » Quelle serait celle enfin du mobilisé n'ayant aucun concours, aucune main-d'œuvre suffisante pour assurer l'entretien de ses terres, par lui abandonnées lors de son départ pour la guerre ?

Il n'existait pas de texte spécial réglant cette situation exceptionnelle et, à ce défaut, il n'y avait d'autre recours qu'aux règles du droit commun.

Mais que résultait-il, pour ces cultivateurs, de l'application du droit civil ?

En ce qui concerne les baux à ferme, il y a quelques règles spéciales qu'il importe de rappeler, en ce qui touche : l'abandon de la culture ; les dégâts et la privation de jouissance, et la cessation du bail.

1° Le preneur est tenu de l'entretien du bien loué, et il ne doit pas abandonner la culture (art. 1766 c.-civ.).

2° Le droit à résiliation ou à diminution de loyer n'est pas ouvert au fermier, pour simple privation de récolte, même par cas fortuit, quand cette privation n'a pas atteint la moitié au moins de la récolte. Et, même dans le cas où elle l'a atteint, le droit n'existe pas davantage, si le preneur a été indemnisé par les récoltes des années précédentes.

3° Enfin, il n'est jamais nécessaire de donner un congé, car, si le bail n'a pas de durée fixe, il est toujours censé fait pour un an quant aux prés et aux fonds dont les fruits se recueillent en entier au cours de l'année, ou, si les terres se divisent en soles, pour autant d'années qu'il y a de soles. Mais, comme conséquence de cette règle, le législateur a stipulé la tacite reconduction pour le cas où le fermier reste ou est laissé en possession.

Pour tous les baux à ferme, écrits ou verbaux, l'art. 1742 c. civ. stipule « que le contrat n'est résilié ni par la mort du bailleur, ni par la mort du preneur ». Il n'y a d'exception que pour le métayage, lequel peut être rompu par la mort du preneur.

Hormis ce dernier cas, on se trouve donc dans cette situation :

Un fermier, ayant laissé continuer par tacite reconduction son amodiation verbale, est tenu de continuer ce bail, malgré la guerre et malgré l'impossibilité de culture dans laquelle celle-ci le place ; il est tenu de le continuer jusqu'à la durée de tous les assolements.

S'il a un bail écrit, il sera lié par ce bail, et devra en continuer l'exécution.

Les mêmes obligations pèseront sur ses héritiers, s'il vient à être tué à l'ennemi, et sur lui-même s'il est mutilé ou malade.

Il y a plus : le fait de l'abandon de culture donnerait ouverture, au profit du bailleur, à une action en résiliation, prévue par l'art. 1741 et l'art. 1766 du code civil. C'est donc le bailleur qui, dans ce cas, serait le maître de la situation faite au preneur.

*
* *

On conçoit ce que ces dispositions légales ont de pénible et de dangereux pour le preneur, mobilisé, ou gêné par l'état de guerre. On conçoit aussi que l'incertitude de situation du preneur, et l'abandon par lui des terres louées, constituent un gros inconvénient pour l'intérêt général, une grande entrave à l'exploitation normale et efficace des domaines agricoles.

Le preneur et le métayer (disait M. Bender dans son discours à la Chambre des Députés, le 21 janvier dernier), ont à produire les choses nécessaires à la vie, d'autant plus indispensables dans une nation en guerre. La collectivité est intéressée à ce que les terres ne soient pas incultes et à ce que, pour aucun motif, on ne suspende le travail des champs.

Et M. Jobert, à la même tribune, le 18 mars 1916, disait :

Croyez-vous que les métayers qui ont conclu un bail la veille de la guerre vont pouvoir continuer pendant six, neuf ou douze ans ? Les conditions de vie, d'exploitation ne seront-elles pas changées entièrement du fait même de la disparition de quelques membres de la famille ou pour toute autre raison ? Il faudrait leur accorder le droit incontesté de résilier le bail s'ils estiment qu'en revenant, ils vont se trouver dans des conditions différentes.

Il faudrait aussi, — car la guerre n'est pas finie, hélas ! — que les femmes des cultivateurs pussent savoir dès maintenant dans quelles conditions elles pourront continuer leur exploitation.

Ce sont ces considérations qui déterminèrent le dépôt d'un projet de loi sur la résiliation des baux à ferme.

J'ai été prié, — et j'ai, avec grand plaisir, accepté, — de vous fournir quelques renseignements sur ce projet, déjà voté en partie par la Chambre, de vous en retracer les principes de base et l'économie.

Je tiens tout d'abord à vous indiquer qu'en raison de l'intérêt général de l'agriculture, et bien que le projet déroge gravement aux règles fondamentales de notre droit, porte quelque atteinte au droit de propriété, la Commission de l'Agriculture à la Chambre y a donné son adhésion complète.

II. — Règles de base de la loi

1° Les dispositions nouvelles seront donc inspirées par le souci de ne pas entraver la culture, d'en assurer au contraire l'exploitation normale.

2° Et elles reposeront sur le critérium suivant :

a) Les résiliations sont demandées durant la période de guerre ;

b) Les résiliations sont demandées dans une période déterminée, qui suivra la cessation des hostilités.

3° Le texte s'appliquera :

Au bail à ferme ;
Au bail à colonat partiaïre ou métayage ;
Au bail de pêche ou de chasse ;
Au bail à complant ou à domaine cóngéable.

4° La loi ne pourra jouer qu'en ce qui touche des baux *antérieurs* au 1ᵉʳ août 1914. On conçoit en effet que les raisons qui militent en faveur de la solution intervenue, pour les preneurs qui étaient liés *avant* la guerre, ne s'expliquent plus pour les cultivateurs qui se sont engagés par un bail *depuis* la guerre ; ils ont traité en connaissance de cause, avec la conscience des circonstances qui peuvent survenir. Ils ne seraient dès lors plus fondés à les invoquer pour se dégager.

5° Enfin, le texte nouveau a pour but de donner (je l'ai dit), des facilités nouvelles à une catégorie de fermiers ou cultivateurs pour quitter leur ferme ou leurs terres malgré le bail qui lés lie. Il ajoutera donc aux causes de résiliation prévues par le code. Il en résulte qué celles-ci continueront à recevoir leur application. Il en est de même pour les causes prévues dans les conventions des parties.

C'est ainsi que, si un bail contient une clause permettant la résiliation au cas de décès du preneur ou de la femme du preneur, la survenance de la circonstance du décès permettra la résiliation, même si les conditions prévues par le nouveau texte ne se rencontrent pas.

C'est ce que pose déjà en principe l'article premier de la loi proposée :

Les baux ruraux antérieurs au 1er août 1914 seront résiliables conformément aux dispositions exceptionnelles ci-après, *sans préjudice des causes de résiliation résultant* du droit commun ou des conventions.

Dans ce dernier cas, la procédure prévue par la présente loi sera applicable. (1).

La question inverse était également à envisager : il y a des baux qui ont prévu que tous les cas fortuits, et particulièrement l'état de guerre, seraient à la charge des preneurs et ne motiveraient pas une demande de résiliation. Allait-on conserver son effet à semblable clause ? Désireux de placer tous les intéressés sur un pied d'égalité, la Chambre ne l'a pas voulu ; elle a décidé, par l'article 7 du projet, que semblable stipulation n'empêcherait pas l'application du bénéfice de la loi (2).

Ceci dit, voyons en détail, mais succinctement, la portée des autres articles du texte, tels qu'ils ont déjà été votés par la Chambre.

Mais auparavant, il n'est pas inutile de se rappeler que leurs dispositions étant (comme le dit du reste l'article premier), *exceptionnelles,* elles ne pourront être appliquées que dans les cas qui auront été prévus, restrictivement.

---

(1) L'expression « dans ce dernier cas » est défectueuse. On peut croire que la procédure inaugurée par le nouveau texte ne sera applicable que pour les causes de résiliation prévues par la convention des parties. Ce n'est certes pas ce que le législateur a voulu dire. Une plus grande précision est désirable.

(2) Le texte voté est ainsi conçu : « Les clauses du bail qui seraient « contraires aux dispositions de la présente loi ne feront pas obstacle à ce « qu'il soit résilié sans indemnité et ne pourront avoir pour effet de retar- « der l'époque où il prendra fin. »

III. — Résiliations en période de guerre

Deux cas sont réglés par l'article 2 de la loi : celui de décès du preneur mobilisé et celui de maladie ou réforme du preneur mobilisé.

§ 1ᵉʳ. — Décès par suite de fait de guerre

Le preneur mobilisé ayant été tué à l'ennemi ou étant mort du fait de ses blessures ou d'une maladie contractée sous les drapeaux, ses héritiers peuvent demander la résiliation du bail.

Et en raison de la gravité de la situation, la mobilisation du bailleur ne fait pas obstacle à l'action en résiliation ; on a apporté à cet égard une dérogation à la loi du 5 août 1914 qui interdit les poursuites contre les mobilisés.

Mais il fallait prévoir le cas où tous les héritiers ne seraient pas d'accord pour demander l'anéantissement du bail. Une distinction a donc été faite :

a) Si tous les héritiers sont d'accord, la résiliation a lieu de plein droit ;

b) Si un désaccord existe entre eux, une décision judiciaire doit intervenir.

Ajoutons que l'article 3 assimile au décès la disparition officiellement constatée du preneur appelé sous les drapeaux, et donne le droit de demander la résiliation à sa femme et à ses enfants et, à leur défaut, à ses ascendants.

§ 2. — Réforme ou maladie

Deuxième cas : Le preneur a été mobilisé ; il a été mis en réforme à la suite de blessures reçues ou de maladie contractée sous les drapeaux.

La loi nouvelle lui donnera le droit de demander la résiliation, sous la condition de prouver qu'il n'est plus en état dè continuer l'exploitation.

On remarquera qu'il y a une différence énorme avec la première hypothèse. Celle du décès en guerre ne se discute pas. Au contraire il y a ici une triple preuve à faire :

Fait de la mise en réforme ;

Relation entre cette mise en réforme et la survenance d'une blessure reçue ou d'une maladie contractée sous les drapeaux ;

Impossibilité *en résultant* de continuer l'exploitation.

Or, cette preuve incombera au preneur, à celui qui demandera la résiliation. Elle pourra être discutée, combattue par le propriétaire. Cela suppose, dès lors, l'ouverture possible d'un litige.

C'est pourquoi la Chambre, adoptant en cela le projet du Gouvernement les conclusions des Commissions de Législation et de l'Agriculture, repoussant au contraire un amendement chaudement défendu par M. Turmel, n'a pas permis cette fois la demande en résiliation *contre* un propriétaire mobilisé. Elle n'a pas voulu déroger à la loi du 5 août 1914.

Il serait contraire à l'esprit de la loi du 5 août 1914 de contraindre le bailleur mobilisé à subir un procès, et les chances d'une discussion qu'il ne peut pas diriger.

§ 3. — ABSENCE D'INDEMNITÉ

Puisqu'il s'agit d'une législation de protection, il était juste de dire que la résiliation, dans les cas prévus, aurait lieu sans indemnité. Autrement c'était retirer d'une main, aux preneurs, ce qu'on leur donnait de l'autre.

§ 4. — DÉCLARATION DE DEMANDE EN RÉSILIATION

Sous quelles formes les héritiers du preneur dans le premier cas (décès), le preneur lui-même dans le second (maladie ou blessures) doivent-ils faire connaître leur désir de résilier ?

On s'est inspiré des procédures utilisées pour l'application des moratoria, sur lesquels je vous ai donné, l'an dernier, des explications.

Il faut, bien entendu, que le bailleur soit *prévenu* de ce désir.

Prévenu par qui ?

Par le fermier ou métayer lui-même dans le deuxième cas ;

Par ses héritiers ou par certains dans le premier.

Prévenu quand ?

a) POUR LE CAS DE DÉCÈS :

Dans les trois mois de la promulgation de la loi, si le décès est antérieur ;

Sinon, dans les trois mois du décès ou de la réception de l'avis officiel du décès.

b) Pour le cas de réforme :

Dans les trois mois de la promulgation de la loi si la réforme est antérieure ;

Sinon, dans les trois mois de la date de mise en réforme.

Ces délais sont prévus à peine de *forclusion*, c'est-à-dire que si les intéressés les laissent passer sans formuler leur demande, celle-ci est désormais impossible.

Prévenu comment ?

Sous forme de lettre recommandée A. R., au propriétaire bailleur ; et par déclaration au greffe de la Justice de paix du canton où est situé le domaine. Par surcroît de précaution, le greffier devra consigner la déclaration sur un registre spécial et la notifier au propriétaire.

La loi ne dit pas sous quelle forme la transmission dont il s'agit sera faite par le greffier. On a certainement voulu dire : par lettre recommandée A. R., puisque c'est la forme admise, mais une précision à cet égard ne serait pas inutile.

Il eût été bon d'indiquer (comme l'avait demandé M. le député Jovelet), le délai dans lequel cette notification devra être faite.

Enfin, et c'est là le point le plus délicat, le texte est muet sur les conséquences à tirer du fait de la non-réception, par le propriétaire, des lettres recommandées. (Il s'est souvent produit, dans l'application des moratoria de loyers, que les L. R. A. R. ne parviennent pas). Que se produira-t-il alors ? Dans le cas de décès du preneur, où la résiliation est dite « de droit », je veux bien admettre que cela n'aura aucune influence sur le droit des héritiers. Mais dans le cas de réforme, il ne devrait pas en être de même puisque le texte réserve au bailleur un droit de discussion dont il n'aurait pas été mis à même de se prévaloir. En tous cas, il est indispensable d'être renseigné à cet égard.

§ 5. — Date d'effet de la résiliation

Le bail ainsi résilié par l'effet de la déclaration que nous venons d'examiner ne prendra pas fin immédiatement. Il faut aux intéressés (aussi bien au bailleur qu'au preneur ou à ses ayants-cause), le temps de se retourner : au premier, de relouer ; aux seconds, de trouver une autre habitation et de vider la ferme.

Mais on sait qu'il y a, en cette matière, des usages constants ; que les baux ne se renouvellent qu'à certaines périodes de l'année.

Aussi le texte prévoit-il que le bail ne prendra fin qu'à

l'époque de l'année correspondant à la date où il serait terminé normalement. Ainsi un bail échéant le 23 avril 1921 expirera le 23 avril 1917, si la résiliation en est demandée en 1916, dans les délais examinés plus haut.

§ 6. — Droits des veuves

Il est bien entendu que, lorsque la femme a un droit quelconque à l'hérédité de son mari, ne serait-ce qu'un usufruit, elle est placée au rang des héritiers qui peuvent demander la résiliation.

Mais il est fréquent, vous le savez, que les propriétaires fassent signer les baux par les femmes, conjointement avec leurs maris. Il était donc juste de réserver à la femme qui a signé un bail le droit de résiliation, même quand elle n'est pas héritière de son mari. La Chambre en a ainsi décidé sur l'intervention de M. Fernand David.

Toutefois, la question n'a pas été tranchée dans la seconde hypothèse, celle de la mise en réforme du mari. Il m'apparaît qu'il y a les mêmes raisons de décider ainsi, et de réserver à la femme le droit de dénonciation quand elle s'est personnellement engagée au bail, afin de n'être pas victime de la négligence de son mari.

§ 7. — Décès ou blessures résultant de faits de guerre

Le Gouvernement et la Chambre n'ont pas oublié que, dans certaines contrées, tels les pays envahis, des cultivateurs autres que ceux visés par les textes que je viens d'analyser méritaient les mêmes faveurs. Ce sont ceux qui, bien que non mobilisés, ont été blessés par suite de faits de guerre, et les héritiers de ceux décédés dans les mêmes circonstances.

Aussi un paragraphe spécial de l'article 2 de la loi leur donne la faculté de résiliation, faculté exercée dans les formes que nous avons examinées.

Toutefois, l'intéressé doit justifier, outre le fait matériel de la blessure, de la maladie ou du décès, la relation de causalité entre ce fait et les circonstances de guerre ; et s'il s'agit d'une blessure ou maladie, il doit en outre prouver qu'elle l'a placé dans l'impossibilité de continuer l'exploitation des biens affermés.

En cas de décès, le délai de déclaration est toujours de trois mois. Mais comme l'influence de la blessure ou de la maladie sur l'aptitude professionnelle peut ne pas se ressentir très vite, le délai de déclaration dans cette hypothèse a été porté à six mois.

Bien que la loi ne le dise pas, dans ce cas le bailleur a un droit de discussion : il peut contester les faits, la relation de causalité, et surtout l'influence de la maladie où de la blessure sur l'exercice de la profession. Autrement dit, la résolution, ici, n'a pas lieu de plein droit.

Voilà les cas de résiliation prévus pour les déclarations en période de guerre. .

Et voici les cas de

IV. — Résiliations possibles après la guerre

On a voulu réserver au « poilu » qui reviendra de cette terrible guerre le droit de demander la résiliation de son bail, s'il *démontre* (car il aura évidemment cette preuve à faire, sans quoi son droit de résiliation serait arbitraire et les droits du propriétaire seraient lésés) que « par suite de blessures ou de maladie contractée sous les drapeaux, ou de faits de guerre sans qu'il ait été présent sous les drapeaux, il n'est plus en état de continuer l'exploitation de l'immeuble loué ».

Comme dans les hypothèses précédentes, la résiliation serait prononcée sans indemnité ; le propriétaire aurait le droit de faire la preuve contraire de celle mise à la charge du preneur, demandeur en résiliation.

Comme dans les hypothèses précédentes encore, la demande est subordonnée à une déclaration, dans les mêmes formes. Seulement le délai octroyé est de six mois, ayant pour point de départ, — dit le texte. — le retour du preneur dans ses foyers. Que faudra-t-il entendre par là ? La date sera-t-elle celle de la sortie du dépôt, telle qu'elle résultera du livret militaire ? ou bien sera-t-elle celle de la rentrée *effective* au pays ? Une précision à cet égard ne me semble pas inutile.

V. — Du droit à la réduction des fermages

Il peut se faire, vous l'avez de suite compris, qu'un preneur ne se trouve pas dans les conditions prévues par les dispositions ici examinées pour obtenir la résiliation de son bail ; que même il n'ait ni désir de résilier ni intérêt à le faire. Il se peut cependant qu'il ait souffert de la guerre dans des conditions telles que ses fermages, échus et à échoir, soient une trop lourde charge pour lui.

J'ai eu l'occasion, il y a dix-huit mois, d'examiner cette question. Elle n'est pas résolue de façon très claire dans le code, j'ai eu l'honneur de vous le dire au début de mes explications.

J'ai été amené à conclure :

Le droit à diminution de fermage n'est pas ouvert quand, même par suite de la guerre, il y a eu une simple privation de récolte inférieure à la moitié de celle normale. Tandis que cette réduction doit être admise si les événements ont fait perdre une partie de la chose louée elle-même ou s'ils ont empêché le fermier d'accomplir sur ses terres tous les actes inhérents à la jouissance : labourage, ensemencement, préparation de la récolte future.

Toutefois, sur ce terrain juridique, il y a place à la discussion, et c'est pour cela qu'aujourd'hui une précision législative s'impose.

L'honorable maire de Baume-les-Dames, mon ami M. Bougeot, dans une note savante qu'il a fait passer à M. le Directeur des Services Agricoles, a examiné de son côté la question. Il s'est exprimé en ces termes :

Si le départ du chef de famille a été un empêchement sérieux d'exploitation, si malgré la bonne volonté déployée, partie seulement du domaine a été exploitée ; si les récoltes n'ont pu totalement être recueillies, — et si ces faits sont dûs au manque de bétail ou de main-d'œuvre, une réduction de fermage devrait être consentie par le propriétaire ou accordée par le juge, proportionnellement aux pertes subies.

L'attitude des intéressés, leurs efforts, devraient être pris en considération pour trancher le différend. Si la diminution de jouissance et de bénéfice n'était dûe qu'à la négligence des intéressés, il n'y aurait lieu à aucune réduction.

Des difficultés innombrables seront soulevées au sujet des baux à ferme et de leur exécution. J'en juge par les très fréquents avis qui me sont demandés. Lors de la cessation des hostilités, il naîtra des litiges par centaines et j'imagine que les juges éprouveront un certain embarras pour les trancher.

Les situations devront être spécialement examinées, divers éléments d'appréciation devront être fournis aux Tribunaux et il sera, malgré tout, pénible d'assurer une bonne justice, car la difficulté principale résidera dans la vérification de l'attitude des intéressés pendant l'absence du fermier.

Les travailleurs, les courageux, auront pu bénéficier des produits de la ferme, grâce à des efforts surhumains ; d'autres, manquant de bras ou de bétail, auront abandonné l'exploitation ; d'autres enfin, auront cultivé partiellement, pris le bon, négligé le champ médiocre ou difficile, etc.

C'est là que l'esprit critique du magistrat pourra s'exercer et malgré toutes les précautions qu'il prendra, il solutionnera difficilement les délicates questions qui lui seront soumises.

Si j'avais à émettre un vœu, en praticien, je dirais ceci :

Il est désirable que, sans plus de retard, nos législateurs, par une disposition spéciale, complétant l'article 1769 du code civil, décident que l'état de guerre constitue le cas de force majeure donnant ouverture à l'action en réduction du prix de fermage, proportionnellement à la gêne et au préjudice éprouvés par le fermier.

Le désir de M. Bougeot est réalisé. Dans un article 4 *bis* du projet, voté par la Chambre, il est décidé de donner au preneur qui ne résilie pas la faculté de demander une remise ou une réduction des fermages et des redevances diverses (les redevances re réfèrent au bail à métayage notamment). Cette remise ou réduction s'appliquerait aux fermages et redevances échus : 1° pendant la guerre, et 2° dans l'année qui suivra la cessation des hostilités.

La réduction ou la remise ne sera possible que si le preneur a subi, du fait de la guerre, dans les revenus de l'immeuble exploité, une perte directe.

Le projet parlait de perte « notable ». Ce mot ne disait rien et disait trop. Pour laisser plus de marge aux appréciations de chiffres et aux considérations d'équité, l'adjectif a été supprimé.

La Chambre a réservé à l'étude d'un projet spécial la question des exonérations à donner aux bailleurs qui auront ainsi à subir des remises ou réductions de fermages sur lesquels ils comptaient.

Dans un même ordre d'idées, le texte prévoit le remboursement au métayer, par le bailleur, de la moitié des dépenses qu'il a dû faire pour assurer le remplacement ou le complément de la main-d'œuvre dont la guerre a pu le priver.

VI. — Compétence et procédure

Ainsi donc, la loi nouvelle donnera le droit de résilier le bail, pendant la guerre, aux fermiers, blessés ou malades par suite de faits de guerre où de leur mobilisation, aux héritiers, aux femmes de ceux tués ou disparus, sous certaines conditions de circonstances, de déclarations et de délais.

Elle donnera aux mobilisés qui rentreront le droit de résilier leur bail, après la guerre, toujours sous ces conditions.

Elle permettra enfin d'obtenir des réductions de fermages non payés, des remises de fermages réglés.

Il nous resterait à voir comment sera consacré ce droit, comment sera sanctionnée la demande des intéressés, et par quelle autorité.

Cette fois je ne puis plus vous renseigner. Et je ne pourrai vous le dire que lorsque la loi sera définitivement votée. En effet, il s'est produit à la Chambre une petite aventure.

Le projet du Gouvernement et des Commissions prévoyait que les demandes en résiliation et en réduction seraient formées devant les tribunaux de l'ordre judiciaire : Juge de paix et Tribunal civil suivant l'importance des loyers. Déjà la Commission de l'Agriculture était en désaccord avec la Commission de Législation sur la fixation de ces compétences respectives, l'une voulant que le Juge de paix connaisse des procès jusqu'à 3.000 francs, l'autre jusqu'à 1.500 francs seulement.

Quand le texte des articles 8 et suivants vint en discussion au Palais-Bourbon, des amendements furent présentés, tendant à charger de ces affaires des Commissions spéciales, arbitrales, siégeant au chef-lieu de chaque canton, présidées par les Juges de paix, composées de deux propriétaires et de deux fermiers ou métayers du canton, désignés par tirage au sort.

Suivant une tendance nettement marquée depuis quelque temps, la Chambre, adoptant la motion, a écarté l'idée de l'intervention judiciaire, et admis le principe de la compétence des Commissions arbitrales.

Les Commissions parlementaires de l'Agriculture et de Législation ont donc dû reprendre leurs travaux, et préparer un texte nouveau en exécution du vote inattendu de la Chambre.

Nous en sommes là.

Attendons pour juger de l'opportunité et de l'intérêt de la mesure, de savoir comment seront réglés le fonctionnement, la procédure et les pouvoirs des Commissions arbitrales.

Aujourd'hui, retenons seulement l'idée maîtresse et l'économie essentielle du projet. Il semble devoir être approuvé. Il pose des situations d'exception à la faveur des cultivateurs qui combattent pour nous sur le front. Il touche à certains intérêts particuliers. Mais il fait l'intérêt général, et il fait par voie de répercussion l'intérêt des propriétaires eux-mêmes, puisqu'il tend à assurer l'exploitation normale et continue de la terre française.

Louis **MALNOURY,**

Avocat

Agréé au Tribunal de Commerce de Besançon

Chargé de Cours de Science commerciale et de Législation industrielle.

La *Société d'Agriculture*, après avoir entendu la Conférence très claire et très documentée de M. Malnoury :

Approuve le projet de loi sur la résiliation des baux à ferme, déjà voté en partie par la Chambre des Députés.
Mais émet le vœu que le Parlement :

1° Rende plus intelligible le paragraphe 2 de l'article premier qui prête à confusion.

L'expression « *dans ce dernier cas* » est défectueuse. On peut croire que la procédure inaugurée par le nouveau texte ne sera applicable que pour les causes de résiliation prévues par la convention des parties. Ce n'est certes pas ce que le législateur a voulu dire.

2° Précise dans quelles circonstances les ascendants des preneurs « disparus » pourront exercer le droit de résiliation (art. 3). L'expression « à défaut » suppose-t-elle que le preneur n'a ni femme ni enfants, ou que ceux-ci n'ont pas exercé le droit ;

3° Indique la forme et le délai de la notification à faire au propriétaire bailleur par le greffier de la Justice de paix ;

4° Précise les conséquences, du défaut de réception des lettres recommandées par le propriétaire bailleur. Le droit à résiliation sera-t-il acquis au preneur ou à ses ayants-cause malgré la non-réception des avis ? ou au contraire le bailleur conservera-t-il son droit de contestation, que l'article 2 lui réserve ? ;

5° Donne à la femme du preneur réformé le même droit de résiliation qu'à celle du preneur décédé. Les travaux préparatoires n'indiquent rien à cet égard ;

6° Précise ce qu'il faut entendre par *retour aux foyers* (art. 4 *bis*). Sera-ce la date de sortie du dépôt, ou celle de la rentrée *effective* au pays ?.